FRAGMENTS
LICHÉNOLOGIQUES

PAR LE

Dr Ant. MAGNIN

Directeur du Jardin botanique de Lyon.

III

6° Contrastes en petit présentés par la végétation lichénique des poudingues glaciaires des environs de Lyon.

7° Excursion lichénologique dans les montagnes de Riverie et de Saint-André-la-Côte.

8° Sur quelques Lichens des montagnes calcaires du Bugey, de la Grande-Chartreuse, etc.

Extrait des Annales de la Société botanique de Lyon.

LYON

ASSOCIATION TYPOGRAPHIQUE

F. PLAN, RUE DE LA BARRE, 12

1884

FRAGMENTS
LICHÉNOLOGIQUES

PAR LE

Dʳ Ant. MAGNIN

Directeur du Jardin botanique de Lyon.

III

6° Contrastes en petit présentés par la végétation lichénique des poudingues glaciaires des environs de Lyon.

7° Excursion lichénologique dans les montagnes de Riverie et de Saint-André-la-Côte.

8° Sur quelques Lichens des montagnes calcaires du Bugey, de la Grande-Chartreuse, etc.

Extrait des Annales de la Société botanique de Lyon.

LYON

ASSOCIATION TYPOGRAPHIQUE

F. PLAN, RUE DE LA BARRE, 12

1884

SUR LES CONTRASTES EN PETIT

PRÉSENTÉS PAR LA

VÉGÉTATION LICHÉNIQUE DES POUDINGUES

DES ALLUVIONS GLACIAIRES DES ENVIRONS DE LYON

Tous les botanistes lyonnais, même ceux qui ne s'occupent pas particulièrement de la question des rapports du sol avec la végétation, ont remarqué les différences qui existent entre la Flore du Mont-d'Or et celle des monts du Lyonnais et du Forez, entre la végétation du Jura ou du Bugey et celle des Alpes granitiques du Dauphiné, etc. ; ce sont des exemples de *contrastes en grand*, pour employer l'expression de Thurmann. D'autre part, on sait, et nous en avons apporté de nombreux exemples, le Dr Saint-Lager et moi, que dans chacune de ces régions, si nettement contrastantes dans leur ensemble, on peut observer exceptionnellement des plantes appartenant à une végétation différente, des espèces dites calcicoles dans certains points d'une région granitique, et inversement des espèces silicicoles dans des localités spéciales d'une région calcaire, ces plantes étant ordinairement supportées par des roches différentes de celles qui dominent dans la région ; ce sont là des faits de *contrastes en petit*, pour nous servir d'une expression analogue à celle employée plus haut. J'ai signalé des exemples de ces contrastes en petit dans le Mont-d'Or (1), où l'on peut voir, au milieu de la végétation calcicole du massif, des plantes silicicoles croître sur les bandes du calcaire à bryozoaires, sur le ciret, etc. ; — dans le Beaujolais calcaire (2), où

---

(1) Ant, Magnin. Recherches sur la Géographie botanique du Lyonnais. Paris, 1879, p. 147.

(2). Ant. Magnin. Observations sur la Flore du Lyonnais, dans *Ann. de la Soc. botan. de Lyon*, 1880, t. VIII, p. 305 (tir. a part, p. 49.)

— 4 —

des plantes silicicoles s'observent sur l'erratique des monts du Lyonnais (Alix, Pommiers, Nuelles, etc.) ; — dans le Bugey (1), où les lambeaux et les placages de l'erratique alpin supportent des espèces à appétence bien différente de la plupart de celles qui caractérisent la végétation du Jura.

Je désire appeler aujourd'hui votre attention sur un autre exemple de contraste en petit qui nous est offert par la végétation lichénique des poudingues des alluvions glaciaires dans les environs de Lyon ; les variations de composition du substratum y sont telles que, sur une surface de quelques centimètres carrés, on peut recueillir de nombreuses espèces de Lichens, les unes propres aux régions calcaires, les autres ne croissant que dans les régions granitiques.

Mais avant de donner l'énumération de ces espèces et l'explication de leur présence sur ces poudingues, je crois devoir rappeler en quelques mots les différences qui caractérisent la végétation lichénique des régions calcaires ou siliceuses.

Si vous examinez les nombreux Lichens qui croissent sur les granites, les gneiss et les autres roches primitives ou métamorphiques des vallées, des bas plateaux et des monts du Lyonnais, vous observez comme espèces les plus communes :

D'abord, parmi les Lichens foliacés, mais plus ou moins étroitement adhérents au rocher, le *Parmelia prolixa*, au thalle brun-olivâtre et luisant, les rosaces jaune-verdâtre du *Parmelia conspersa* ;

Parmi les espèces à thalle crustacé, ou, quelquefois nul, réduites aux apothécies, vient, en première ligne, le *Lecidea (Rhizocarpum) geographica*, que ses aréoles anguleuses, citrines, limitées par l'hypothalle noir, font facilement reconnaître ; puis le *L. petræa* et ses diverses formes, *L. obscurata, lavata, atroalba*, etc. ; les *Lecidea grisella, contigua, gibbosa ;* les *Lecanora cæsiocinerea, simplex*, etc.

Lorsqu'on explore, au contraire, les rochers calcaires du Mont-d'Or, on ne rencontre aucune des espèces que je viens de citer ; mais sur les pierres s'étendent les belles rosaces dorées du *Placodium murorum* et surtout du *P. callopismum ;* les plaques aux contours définis des *Placodium variabile, Pannaria*

---

(1) Ant. Magnin. Statistique botanique du département de l'Ain, Bourg, 1883, p. 34, 41, 43, 52.

nigra, Lecanora circinnata ; citons encore : *Lecanora galactina* et les formes voisines, *cæsio-alba* et *dispersa, Urceolaria scruposa, Lecanora calcarea, Lec. pruinosa, Lecidea alboatra, Verrucaria calciseda, Collema melœnum,* et enfin sur la terre, dans les fentes des rochers : *Thallœdema vesiculare, Lecidea aromatica, Endocarpum rufescens,* etc.

Or, beaucoup de ces espèces, appartenant aux deux séries que je viens de citer, s'observent sur les poudingues des alluvions glaciaires (conglomérat bressan), qu'on rencontre le long des coteaux du Rhône et de la Saône, vers Sathonay, Cuire, la Belle-Allemande, de Saint-Clair à Montluel, de Vaise à la Demi-Lune, aux Etroits, à Beaunant, etc., partout où ces poudingues sont placés dans des conditions favorables au développement des cryptogames. Ils sont constitués par des cailloux roulés, variables de dimension, de composition chimique, mais réunis entre eux par un ciment calcaire plus ou moins résistant. Ces galets sont surtout formés par des quartzites provenant du trias de la Savoie, par des calcaires blonds ou noirs de la Savoie ou du Bugey, et plus rarement par des granites, gneiss, diorites, etc. Lorsqu'ils sont en place et réunis par un ciment calcaire résistant, ces poudingues forment des escarpements abruptes, quelquefois creusés d'excavations peu profondes ; souvent des blocs s'en détachent et roulent à la base des éboulis des coteaux ; ce sont les parties abruptes tournées au nord, ombragées ou arrosées par les infiltrations, et les blocs descendus dans le fond des ravins, qui ont leurs parois couvertes de la végétation cryptogamique la plus riche et la plus variée.

Sur les cailloux calcaires et le ciment qui les réunit, on trouve en effet : *Lecanora galactina, Lec. pruinosa, Urceolaria scruposa, Aspicilia calcarea, Verrucaria calciseda, Pannaria nigra, Biatora ochracea, Placodium variabile, Diplotomma alboatra* var: *epipolia, Collema melœnum, Squamaria crassa, Thallœdema vesiculare,* etc.

Au milieu de cette végétation si caractéristique, ce n'est pas sans surprise qu'on aperçoit les *Lecidea geographica, Lec. obscurata, Lec. petræa* var. *subconcentrica, Aspicilia gibbosa, Parmelia prolixa,* etc. ; mais l'examen du substratum montre que ces espèces ne se rencontrent que sur les quartzites ou les autres galets siliceux.

Cependant on peut observer que certains Lichens foliacés,

une fois développés sur le substratum qui leur est le plus favo-
rable, étendent leur thalle sur des cailloux voisins même lorsqu'ils sont de nature différente ; c'est ainsi que le thalle du
Squamaria crassa passe du ciment calcaire sur les quartzites
voisins et que le *Parmelia prolixa* développé sur les quartzites
étend le sien sur les cailloux et le ciment calcaires.

Je laisse de côté les espèces communes aux deux sortes de
substratum, telles que *Lecanora campestris*, *L. aurantiaca*, etc. ; une partie du reste de ces Lichens étant encore à
l'étude, je donnerai plus tard la liste complète des espèces ob-
servées sur les diverses parties des poudingues.

En attendant, j'ai cru devoir appeler dès aujourd'hui l'attention sur un point particulièrement intéressant de la végétation
cryptogamique des poudingues des coteaux du Rhône et de la
Saône, dont la végétation phanérogamique nous a déjà offert,
du reste, des exemples fort remarquables de contrastes en
petit (1) ; mais ici, avec les Lichens, le contraste est plus frappant,
puisque sur une surface de quelques centimètres carrés on peut
voir, à la fois, des espèces qui ne croissent ordinairement que
dans notre région granitique et tout à côté des Lichens qui ne
se rencontrent qu'au Mont-d'Or ou dans le Bugey. Cette particularité permet d'abord d'étudier dans une localité donnée, et
à proximité de Lyon, des espèces qu'on ne pourrait observer
que dans des régions éloignées ; c'est, en second lieu, un nouvel
exemple de l'influence de la composition chimique des roches
sur la végétation et en particulier sur celle des Lichens ; il est
vrai que pour ces végétaux la question demande à être exa-
minée de plus près, puisqu'on ne sait pas encore bien ce que
les Lichens prennent aux *substrata* sur lesquels ils sont fixés,
question sur laquelle je me propose, du reste, de revenir dans
une prochaine séance.

---

(1) Voyez Ant. Magnin. Rech. sur la Géogr. botan., 1879, p. 151, 153 ; —
id. — Observ. sur la Flore du Lyonnais, dans *Ann. Soc. botan. de Lyon*,
1881 t. IX, p. 228, 246, 252 ; 1882, t. X (sous presse.)

COMPTE-RENDU

D'UNE

EXCURSION LICHÉNOGRAPHIQUE

DANS LES ENVIRONS DE RIVERIE ET DE SAINT-ANDRÉ-LA-COTE

Découverte du *Gentiana campestris* dans cette partie des monts du Lyonnais

L'excursion dont j'ai l'honneur de vous présenter aujourd'hui le compte-rendu avait pour but principal l'exploration, au point de vue lichénographique, de quelques localités du massif montagneux de Saint-André-la-Côte ; disons de suite qu'elle m'a donné des résultats intéressants non-seulement sur les cryptogames, mais encore sur la végétation phanérogamique de la région.

Avant d'énumérer les espèces que j'ai rencontrées, il sera peut-être utile de rappeler quelle est la situation orographique de cette partie des monts du Lyonnais, quelle est sa constitution géologique et ce que l'on connaît de sa flore.

On sait d'abord que la région naturelle des monts du Lyonnais se compose des nombreuses chaînes suivantes, ainsi disposées, en allant du nord au sud du département :

1º Chaînes N.-S., du Beaujolais, alignées dans le sens de la Haute-Azergue ;

2º Plus bas, le système S.O.-N.E. des chaînes qui bordent la vallée de la Brevenne, de Duerne à Lentilly, par Iscron, les Jumeaux, Saint-Bonnet, le col de la Luère, le Mercruy, etc. ;

3º Vers Iseron, et se rattachant au système précédent, la chaîne qui se dirige, du N. au S. de ce village à Saint-André-la-Côte, et domine Thurins, Rontalon, du côté de la vallée du Rhône, le vallon de Saint-Martin-en-Haut, du côté du couchant ;

4° Enfin, à Riverie, se greffe sur le chaînon de St-André la chaîne S.O.-N.E., parallèle à la vallée du Gier ainsi qu'aux principales arêtes du Pilat, et qu'on peut suivre depuis Marcenod jusqu'aux bords du Rhône, par Riverie, Saint-Sorlin, Mornant, Taluyers, etc.

Si ces chaînes varient par leur orientation, elles présentent, du moins, une remarquable uniformité au triple point de vue des accidents topographiques (ondulations arrondies du sol, chirats émergeant çà et là, principalement au sommet des montagnes), de leur constitution géologique générale (roches siliceuses, gneiss, micaschistes et granites), et enfin de leur végétation tout à fait caractéristique ; on pourra, au surplus, s'en convaincre en se reportant, surtout pour ce dernier point, à ce que nous en avons déjà dit dans notre *Mémoire sur la végétation du Lyonnais* (Voy. *Annales de la Société botanique de Lyon*, t. VIII, 1880, p. 271 à 275).

Mais toutes ces montagnes n'ont pas été explorées avec le même soin : tandis que les environs de Sainte-Foy-l'Argentière, d'Iseron, de Saint-Bonnet-le-Froid, sont les localités privilégiées vers lesquelles les botanistes lyonnais dirigent constamment leurs herborisations, le massif de Riverie, les environs de Saint-André-la-Côte, de Larajasse, etc., sont, au contraire, complètement délaissés ; et cependant c'est dans cette région qu'on trouve les points les plus élevés des monts du Lyonnais, exception faite, bien entendu, des sommets du Haut-Beaujolais qui atteignent 1,012^m au Saint-Rigaud, 973^m à la Roche-d'Ajoux, et des monts de Tarare, atteignant 1004^m au Bouci-vre. Le signal de Saint-André-la-Côte est, en effet, à 937 mètres d'altitude et dépasse ainsi notablement les autres sommités des montagnes voisines, signal de la Roue (904^m, au-dessus d'Iseron), signal de la Courtine (919^m, au-dessus de Duerne). Il est vrai que ces différences ne suffisent pas pour modifier sensiblement la flore ; aussi indique-t-on à Saint-André toute la pléiade des espèces caractéristiques des montagnes du Lyonnais, *Spergula Morisonii* Bor., *Sorbus Aria, Sambucus racemosa, Galium saxatile, Gnaphalium silvaticum, Senecio silvaticus, Prenanthes purpurea, Digitalis purpurea, Vero-*

nica verna, et particulièrement les *Polygala depressa* Wender.,
Conopodium denudatum, *Pirola minor*, *Blechnum Spicant*,
etc. Mais je suis convaincu qu'une exploration méthodique et
faite à différentes époques de l'année donnera une idée plus
exacte de la richesse de la végétation et amènera la découverte
de quelques plantes nouvelles pour la flore du Lyonnais ; vous
verrez dans un instant que ces prévisions ont déjà reçu une
première confirmation.

Quant aux cryptogames, et particulièrement aux Lichens,
objets de mes recherches actuelles, la région de Saint-André-
la-Côte avait pour moi tous les attraits d'une contrée encore
inexplorée ; c'était, en effet, la seule partie des monts du Lyonnais et du Beaujolais que je n'eusse pas encore visitée.

Malheureusement, et c'est là la raison du peu de renseigne-
ments qu'on possède sur la flore de cette localité, l'éloignement
de Saint-André-la-Côte de toute voie rapide de communication
en rend l'accès difficile et oblige à consacrer à une excursion
dans ses environs autant de temps que pour faire celle, autre-
ment attrayante, du Pilat. On n'a, en effet, que le choix entre
la voiture de Riverie partant de Lyon à cinq heures du soir et
arrivant à neuf heures, moyen le plus rapide, mais qui con-
damne le botaniste à quatre heures de cahots dans une antique
patache, et le chemin de fer de Saint-Étienne, qui vous laisse à
Rive-de-Gier avec la perspective d'une ascension de trois heures
à trois heures et demie à faire à pied, pour atteindre Riverie.

C'est ce dernier itinéraire que j'adoptai cependant, le mer-
credi 12 septembre 1883.

En sortant de Rive-de-Gier, on gravit les premiers contreforts
dans la direction de Saint-Joseph ; on rencontre d'abord les
terrains houilliers de la vallée du Gier, grès et poudingues,
recouverts d'une végétation entièrement silicicole, mais ayant
le caractère *thermophile* particulier qu'elle revêt dans les expo-
sitions chaudes de la vallée du Rhône. Je note pour mémoire :

L'abondance de l'*Andryala sinuata*, commun sur les coteaux
et les bas-plateaux du Lyonnais, sur les gneiss, les granites,
sur les cornes vertes du cirque de l'Arbresle, le carboniférien
du Beaujolais, et, de plus, sur les alluvions glaciaires (dans
leurs parties siliceuses) de la côtière méridionale de la Dombes,
où Cariot ne l'indique pas.

Le *Melica glauca* Schult., plante considérée à tort comme

caractéristique des terrains calcaires, dans les ouvrages les plus récents de géographie botanique. Dans sa dernière publication, M. Contejean (*Géogr. bot.*, 1881, p. 125) place, en effet, cette espèce dans la catégorie des plantes les plus exclusives, celles qu'il appelle : *Calcicoles exclusives ou presque exclusives*. Si elle abonde sur les coteaux calcaires des bords du Rhône, du Mont-d'Or, des environs de l'Arbresle, du Bugey, etc., nous savons qu'elle croît aussi sur les gneiss d'Oullins, d'Irigny, les cornes vertes de l'Arbresle, etc., mais de préférence dans les stations chaudes. C'est encore pour nous une de ces espèces qui, indifférentes ou seulement préférentes dans le Midi, deviennent de plus en plus exclusives en remontant vers le Nord. De plus, la présence sur les gneiss de nos environs, de cette espèce et des *Helleborus fœtidus, Teucrium chamœdrys* et autres plantes fréquentes dans les régions calcaires, indique que la végétation de ces roches n'est pas aussi contrastante que celle des granites.

L'*Umbilicus pendulinus* abonde dans les murs de pierres sèches ; il remonte, dans cette région, jusqu'à l'Aubépin, soit à 830 mètres d'altitude ; il en est de même dans les vallées du Garon et de l'Iseron, où on le voit s'élever jusqu'au village de ce nom. Nous rappellerons aussi la rareté de cette plante dans les vallées du Lyonnais situées au nord de la Turdine et de l'Azergue inférieure ; on ne l'y connaît que dans deux localités, à Nuelles (1881 !) et à Claveyzolles (docteur Gillot).

Après avoir dépassé Saint-Joseph et Bissieux, au voisinage des débris d'aqueducs romains appartenant au système du Pilat (1), et vers l'altitude de 350 mètres environ, apparaissent les Pins et les Hêtres ; ces arbres constituent l'essence dominante des bois de la région, qui manque, ainsi que la plus grande partie des monts du Lyonnais, de forêts de Sapins.

Sur un pointement granitique, qui émerge du sol, je note :

Umbilicaria pustulata Hoffm.	Parmelia conspersa Ach.
Gyrophora murina Ach.	P. tiliacea Fr., *var.* convoluta Schær.

C'est une nouvelle localité à ajouter pour le *G. murina* Ach., type (*G. hirsuta* β *grisea* Th. Fr.), à celles que j'ai indiquées

---

(1) Les mêmes dont on retrouve les restes à Soucieu, à Chaponost, à Beaunant, etc.

dans mon étude sur les Gyrophores, parue dans les *Annales*, t. IX, 1881, p. 268 (*Fragm. lich.*, I, p. 8.)

Les pentes de la montagne, en dehors de ces bouquets de Pins, sont couvertes de cultures et de vignes jusqu'à Riverie; la vigne remonte du reste, et sa culture reste productive, jusqu'à Sainte - Catherine - de - Riverie, soit à l'altitude moyenne de 700 mètres.

Le village de Riverie est pittoresquement placé au sommet d'un mamelon conique, dominant les vallées du Rhône et du Gier; on y observe une particularité hydrologique que je crois devoir signaler en passant : c'est l'abondance des eaux, s'échappant de toutes les fissures des granites, et dont il est difficile d'expliquer l'origine, au sommet même d'une montagne entourée de toutes parts par des vallons.

Sur les chirats de granites et de gneiss, les murs de pierres sèches de même nature qu'on rencontre en allant de Riverie à Saint-André-la Côte, j'ai observé :

Parmelia prolixa Ach.	L. sulfurea Ach.
Squamaria saxicola Nyl.	L. glaucoma Nyl.
Xanthoria parietina Th. Fr.	L. atra Ach.
Caloplaca vitellina Th. Fr.	Lecidea geographica Schær.
C. ferruginea Th. Fr.	L. contigua Fr.
Lecanora Parella Ach.	L. flavicunda Ach.

et de nombreuses espèces encore à déterminer.

Le long de la route, traversant de beaux bois de Pins dont les troncs sont couverts de *Parmelia physodes* Ach., *P. exasperata* DN., je note l'abondance du *Senecio viscosus* et du *Cirsium Eriophorum*, qui, malgré le silence des floristes, m'ont toujours paru plus fréquents dans la zone moyenne de la montagne que dans les régions inférieures et les vallées.

Enfin, j'arrive au Signal de Saint-André-la-Côte, situé au N. O. du village de ce nom, à une heure de marche de Riverie, et à l'altitude de 937 mètres. Bien qu'il ne se trouve pas sur le bord même du massif montagneux, on jouit cependant de ce point élevé, d'un panorama très-étendu sur la vallée du Rhône, les plaines du Dauphiné, la chaîne des Alpes et, du coté du couchant, sur les montagnes d'Iseron, de Duerne, la vallée de Saint-Martin-en-Haut, etc.

Les broussailles, pelouses, rochers, renferment la flore habituelle du Lyonnais granitique, représentée, à cette époque de l'année, seulement par les *Scleranthus perennis, Potentilla Tormentilla, Melampyrum pratense, Asplenium septentrionale;* aussi n'ai-je pu faire, à cause de la saison avancée, qu'une seule observation importante de phanérogamie, c'est la présence du *Gentiana campestris*, qui n'avait pas encore été signalé dans les montagnes du Lyonnais; je crois devoir, en conséquence, entrer dans quelques détails sur cette espèce, assez abondante dans les pelouses du Signal de Saint-André.

On sait que les montagnes granitiques du Lyonnais, ainsi que celles du Forez, n'ont pas la richesse des montagnes jurassiques et dauphinoises en espèces de Gentianes.

A part le *Gentiana Pneumonanthe* qu'on trouve assez souvent dans les prairies marécageuses de tout le massif (Saint-Martin-en-Haut Car., l'Argentière Car., les Jumeaux de Vaugneray ! 1878, etc.), et le *G. lutea* qui a été rencontré dans les montagnes de Tarare, on n'observe aucune de ces espèces fréquentes même dans les basses-montagnes et les collines du Jura, du Revermont et du Bugey, telles que les *G. germanica, ciliata, Cruciata*, etc. ; ces deux dernières se retrouvant dans le Mont-d'Or lyonnais, qui est une région calcaire.

Le Forez possède cependant, en plus des deux premières (*Gent. Pneumonanthe* et *lutea*), le *Gentiana campestris*, espèce commune, dit M. Legrand (*Stat. botan. du Forez*, p. 176) dans les « prairies, pâturages des montagnes, à partir de 1,000 mètres d'altitude ; chaînes du Pilat et du Forez ; mont Sémioure, au-dessus de Montbrison ! » Or, comme nous l'avons dit plus haut, aucun floriste n'indique cette espèce dans les monts du Lyonnais.

Balbis (*Fl. lyon.*, I, p. 484) ne la signale qu'au Pilat ; Cariot (*Et. des fleurs*, 1879, t. II, p. 542) la mentionne seulement en dehors de l'Ain, du Dauphiné, etc., dans le département de la Loire : « Pilat, Planfoy, le Bessat, Verrières, la Chambas, Pierre-sur-Haute ; »

Notre confrère, le docteur Saint-Lager (*Catal. fl. bassin du Rhône*, p. 551), ne donne aussi que les localités suivantes : « ... Massif du Pilat, chaîne vivaraise, Mézenc, Gerbier-des-Joncs... ; et en dehors de nos limites... Lozère, Cantal, monts Dômes, Pierre-sur-Haute, Creuse, etc... »

Et cependant étant donnée la large diffusion de cette espèce dans une région contigüe aux monts du Lyonnais et ayant avec eux la plus grande analogie de constitution géologique et de végétation, on était en droit de soupçonner sa présence dans cette dernière région ; c'est ce que notre exploration a confirmé, et l'on peut considérer ce fait comme un exemple des résultats auxquels on arrive lorsqu'on prend pour guides dans les recherches de phytostatique les principes d'analogie et d'association.

Notre observation prouve encore que le *G. campestris* peut se trouver dans nos montagnes lyonnaises au-dessous de la limite de 1000 mètres assignée par M. Legrand ; du reste, nos confrères n'ignorent pas que cette espèce descend dans le Bugey et le Dauphiné à d'assez basses altitudes.

Dans ces mêmes pelouses croissent les *Cladonia rangiferina* Hoffm., type ; *Cl. furcata* Hoffm., var. *pungens* Th. Fr., f. *spinulosa* Del. ; *Cl. pyxidata* Fr., f. *pocillum* Ach. ; *Cl. fimbriata* Fr., f. *conistata* Ach., et f. *tenuipes* Del., ; *Cl. coccifera* Flk., var. *phyllocoma* Flk. ; *Peltigera canina* Hoffm.

Les chirats granitiques qui s'élèvent sur le sommet de la montagne de Saint-André, formés de blocs dont quelques-uns atteignent des dimensions considérables, sont couverts de Lichens ; voici l'énumération de ceux que nous avons reconnus jusqu'à présent parmi les échantillons nombreux que nous en avons rapportés :

Umbilicaria pustulata Hffm.
Gyrophora glabra Ach.
G. anthracina Ach.
G. hirsuta Fw.
Parmelia prolixa Nyl.
Id. — var. dendritica Nyl.
P. conspersa Ach.
— var. stenophylla Ach.
P. tiliacea Fr. var. convoluta Schær.
P. saxatilis Ach., var. retiruga Th. Fr.
Id. — f. furfuracea.

Parmelia saxatilis Ach., var. sulcata Nyl.
Id. — f. munda Oliv.
Id. — f. rubescens Roumeg.
Ramalina Pollinaria Ach.
Lecanora atra Ach.
L. badia Ach.
L. orosthea Ach.
Lecidea geographica Schær.
L. contigua Fr.
L. flavicunda Ach.

Les *Umbilicaria pustulata, Gyrophora glabra, hirsuta, anthracina, Parmelia prolixa, Ramalina pollinaria, Lecanora badia, L. sulfurea, L. orosthea, Lecidea geographica, L. contigua, L. flavicunda,* sont spéciaux aux régions siliceuses.

Le *Lecidea flavicunda* Ach., forme du *L. contigua* Fr., dont le thalle est coloré en rouge par un hydrate d'oxyde de fer, n'a jusqu'à ce jour été observé par nous qu'au Crêt de la Perdrix (1,434ᵐ), au sommet du Boucivre (1,004ᵐ), au signal de la Roue (904ᵐ), au mont Sobrant (898ᵐ), et enfin dans les environs de Riverie et de Saint–André, c'est-à-dire toujours à des altitudes ayant au moins 700 à 900 mètres ; cependant nous nous garderons bien d'affirmer qu'il ne puisse se trouver plus bas.

Le *Gyrophora glabra,* ainsi que nous l'avons déjà dit ailleurs (*Annales*, 1881, t. IX, p. 267 ; *Fragm. lichén.*, I, p. 7), se plaît dans les chirats granitiques bien exposés et arides de la zone moyenne ; cette nouvelle localité, ajoutée à celles in–diquées déjà par nous (*loc. cit.*), complète sa dispersion dans le massif montagneux lyonnais.

Nous donnons le nom de *G. anthracina* Ach. (non Kœrb., *Syst.*, p. 95, nec Th. Fr., *Lich. Scand*, p. 165), à un Gyrophore croissant en société du précédent, mais remarquable par son thalle simple, divisé, très-développé, coriace, couvert d'une pruine cendrée sur la plus grande partie de sa face supérieure, entièrement lisse et noire pruineux en dessous. Il correspond, en effet, exactement à la description que donne Acharius du *G. anthracina* dans le *Methodus Lichenum*, p. 102, et dans le *Lichenographia universalis*, p. 219, (sub *G. heteroidea* γ *anthracina*), où on lit :

Thallo monophyllo lacero-laciniato nigro-fusco elevato-punctato, subtus nigro lævi atro pruinoso. Similis varietati primæ (*G. glabra*), sed differt colore paginæ superioris plerumque in cinerascentem vergente et punctis elevatis demum confluentibus unde vetusta subrugosa apparet, nec non pulvere nigro tenuissimo , quo pagina inferior vel tota vel maculatim tegitur vix detergendo.

Ce n'est pour nous qu'une simple forme, mais forme bien distincte, du *G. glabra* ; tel est aussi le sentiment de Th. Fries qui, dans le *Lichenographia scandinavica*, p. 165, signale, parmi les variations de cette espèce, la forme suivante :

F. coriacea Th. Fr. *Arct.* p. 164 (*G. anthracina* Ach. *Meth.* p. 102, etc.) = thallo majore, firmiore, fusconigro v. in cinereum vergente ; locis ventosis apricisque in maritimis campestribusque haud rara.

J'insisterai, en terminant, sur l'absence du *Gyrophora cylin-drica*, espèce que j'avais rencontrée précédemment au sommet du Boucivre (voy. *Annales*, 1881, t. IX, p. 271 ; *Fragm. lichén.*, I, p. 11), et que j'espérais retrouver ici à cause du peu de dif-

férence des altitudes. Il faut en conclure que, dans nos montagnes
du Lyonnais, ce Lichen ne descend pas au-dessous de 1,000
mètres.

En résumé, cette exploration, quoique exécutée très-rapide-
ment, m'a permis de faire des constatations intéressantes sur
la végétation lichénique de ces régions et de découvrir une
plante nouvelle pour les monts du Lyonnais. »

NOTE

SUR

QUELQUES LICHENS DE LA RÉGION LYONNAISE

DU JURA, DE LA CHARTREUSE, ETC.

I. **Psora testacea.** — A la dernière séance, M. Boullu me remettait un beau Lichen provenant des rochers calcaires de Verna (Isère), et paraissant être une espèce de *Squamaria;* son thalle, formé de squames cendré-verdâtres, arrondies et lobées au pourtour, plissées-imbriquées au centre, blanches en dessous et sur les bords, le rapproche en effet des *Squamaria,* et particulièrement du *Sq. crassa* (1) ; mais ses apothécies biatorines et non lécanorines, surtout à l'âge adulte, montrent qu'on a affaire à un *Psora;* c'est, en effet, le *Psora testacea* Hoffm., espèce du même groupe que le *Ps. decipiens* du vallon de la Cadette (2), que le *Ps. lurida* de nos montagnes du Bugey (3), mais qui en diffère non-seulement par la coloration du thalle, mais aussi par celle des apothécies ; chez le *Ps. testacea,* elles sont d'abord jaune-orangées, planes, puis deviennent convexes et couleur cannelle de plus en plus foncée.

Cette espèce paraît propre aux régions calcaires, surtout des contrées de l'Europe australe. Acharius dit en effet, dans le *Lichen. univ.*, p. 409 : « Hab. in saxis et montibus calcareis. » — Fries, de même dans le *Lichen. reform.*, p. 251 : « Ad saxa et fissuras, tenui terra tectas, montium calcareorum Europæ australis, ut Italiæ, Galliæ australis, Pyrenæorum, Hispaniæ,

---

(1) Voy. Ant. Magnin. Distribution géographique de quelques Lichens calcicoles, dans *Ann. de la Soc. botan. Lyon,* 1881, t. IX, p. 296 (*Fragm. lichen.,* 1883, II, p. 5.)
(2) Id. p. 297 (*Fragm.,* p. 6.)
(3) Id. p. 297 (*Fragm.,* p. 7.)

Helvetiæ, Germaniæ australis. » — A son tour, Schærer (*Enum.*, p. 95), l'indique : « Ad terram et in rupium calcariarum fissuris Helvetiæ, Italiæ, Hispaniæ, Galliæ propè Monspelium, Lozère ; in Germania, Anglia. » — Kœrber est aussi affirmatif, soit dans le *Systema*, p. 177 : « Auf Kalk-und Gypsboden, an Kalksteinen und in der Ritzen der Kalkfelsen in südlichen und mittleren Deutschland ; » soit dans le *Parerga*, p. 119 : « Auf Kalk-und dolomitfelsen ; Bavière, Autriche, Tyrol, etc. » — Th. Fries (*Lichen. scand.*, p. 414) l'indique : « In rupibus calcareis Œlandiæ et Gottlandiæ, parcius lecta. »

Quant à sa distribution dans notre région, les seules indications que nous ayons trouvées sont, outre celle de Verna (Isère), la mention de M. Müller (*Princ.*, p. 41), ainsi conçue : « Très-rares dans les fentes des rochers, dans le gros massif du Salève, entre la Grande-Gorge et la Croisette ; à la Grotte-des-Tufs, près d'Orbe (Boissier et Reuter). » On doit la chercher et on la retrouvera certainement, dans les stations analogues intermédiaires, telles que les rochers calcaires des vallées du Bugey.

Le *Psora testacea* n'est pas indiqué en Normandie (Malbranche), dans la Marne (Brisson), dans le Mont-Dore et la Haute-Vienne (Lamy), la Saône-et-Loire (Grogniot), les environs de Grenoble (Ravaud), etc.

II. **Lecanora Villarsii**. — A propos du *Psora testacea*, je crois devoir vous présenter un autre Lichen, aussi très-intéressant, soit par la beauté des exemplaires que par la distribution géographique, et qui a été récolté non loin du précédent, par M. Boullu ; c'est le *Lecanora Villarsii* Ach., que notre confrère a trouvé sur les rochers calcaires de la Dent-d'Hyères (Isère).

Cette belle espèce a le thalle épais, plissé-verruqueux au centre, sub-radié au pourtour, blanc-cendré, portant des apothécies enfoncées, d'abord verruqueuses, puis à disque plan, grisâtre, entouré d'un double rebord dont l'un thallin, saillant, lui forme une sorte de paupière ; c'est cette disposition qui lui a fait donner le nom de *Lichen ocellatus* par Villars (*Delph.*, III, p. 998), de *Urceolaria ocellata* par de Candolle (*Fl. fr.*, II, p. 372), Schærer (*Enum.*, p. 90), et Kœrber (*Syst.*, p. 169), etc. — Mais il ne faut pas le confondre avec le Lichen appelé *Urceolaria ocellata* par Flœrke (*Verrucaria ocellata* Hoffmann), qui

est l'*Aspicilia gibbosa* Kœrb. (Voy. Fries, *Lich. ref.*, p. 143),
ni avec les *Urceolaria ocellata* α et β d'Acharius (*Lichen
univ.*, p. 332), ni, à fortiori, avec le *Buellia ocellata* de Kœrb.
(*Syst.*, p. 224, *B. verruculosa* Th. Fr., *Lich. scand.*, p. 600),
Lécidée bien différente de tous les Lichens précédents.

Le thalle de cette espèce présente, avec une intensité remarquable, la réaction érythrinique; il suffit, en effet, de déposer une goutte d'une solution de potasse pour voir apparaître une tache jaune qui devient en peu de temps du plus beau *rouge-sanguin;* vous pouvez le constater sur les divers échantillons que je vous soumets.

L'Herbier de la ville de Lyon possède des exemplaires du *Lecan. Villarsii* provenant : 1° d'Orange; 2° de Montpellier (Montagne, 1831); 3° du Valais (*Lichen vallesiacus* Schleich., *Cent. crypt.*, n° 75).

Dans l'herbier du Muséum de Paris, j'en ai vu des échantillons récoltés : 1° sur les rochers près Montpellier (Dr Montagne); 2° dans les Hautes-Pyrénées (Philippe); 3° ad saxa calcarea propè Beauvais (Nylander); 4° sur la côte, dite la Grisière, près Mâcon (Parseval-Grandmaison).

Cette dernière localité confirme l'indication donnée par Grogniot de la présence de cette espèce dans les environs de Mâcon : « terre et rochers calcaires, au-dessus de Flacé, près Mâcon, etc., A. R. » (*Pl. crypt.* Saône-et-Loire, p. 65).

J'en possède de plus des exemplaires récoltés par mon regretté correspondant, M. Boudeille, à la Tour-sans-Venin, près Grenoble (1875, n° 111); M. Ravaud l'indique, du reste, sur les rochers calcaires, à Varces, etc. (*Bull. Soc. bot. Fr.*, sess. de Grenoble, 1860, p. 765).

Enfin, notre confrère, M. Therry, a publié, dans les *Lichenes gallici exsiccati* de M. Roumeguère (n° 259), de beaux échantillons qu'il a récoltés dans l'Ardèche.

Le *Lecanora Villarsii* est une espèce fréquente seulement dans les contrées méridionales de l'Europe, dans l'Italie (Florence *Mich.*, Piémont *Ré*, Gênes *Baglietto*), la Suisse et la France méridionale (Valais *Schleich.*, Dauphiné *Villars*, Provence *Prévost*, Montpellier *Schœr.*, *Montagne*, etc., Lozère *Prost*, etc.), les Pyrénées (*Hoffmann*, *Philippe*, etc.), l'Espagne (jusqu'à Cadix *Dufour*), — où elle est indiquée depuis longtemps (Ach., DC., Fr., Schær., Kœrb., etc.)

Bien que la plupart de ces auteurs ne mentionnent pas cette espèce spécialement sur les roches calcaires, sauf Kœrber (*Syst.*, p. 169 : « Auf Kalk-und Gypsboden in südlichen Deutschland un der Schweiz), » elle paraît préférer ce substratum au moins dans nos régions, comme on l'a vu par les localités indiquées plus haut.

III. Parmi les Lichens que j'ai récoltés à la Grande-Chartreuse, lors de la dernière excursion que j'y ai faite, et dont je vous ai rendu compte précédemment (voy. *Bulletin* n° 9, septembre 1883, p. 116), j'appelle votre attention sur les espèces suivantes :

1° **Callopisma aurantiacum** var. ꝺ. **Velanum** Massal., incrusté sur les rochers de l'urgonien, au sommet du Grand-Som (2,037^m). C'est une forme remarquable du *Call. aurantiacum* dont le type et les var. *salicinum* et *erythrellum* se trouvent fréquemment sur les écorces et les roches gneissiques ou calcaires de nos environs.

Cette variété *velanum* se reconnaît à son thalle nettement et irrégulièrement limité, quelquefois même placé dans une dépression légère de la roche (var. *Oasis* Mass.), jaune-orangé, varié de citrin et de blanchâtre ; à ses apothécies d'abord enfoncées, puis légèrement saillantes, petites, planes, rouges-orangées.

Je l'ai observée aussi sur les mêmes roches, entre le col Vert et le col de l'Arc (1,500 à 1,700^m) lors des deux excursions faites par la Société en 1882 et 1883. Je ne l'ai encore vu signalée qu'au Reculet (Müller, *Princ.*, p. 62), dans la Lombardie (Massal.) et la Bavière (Arnold). M. Arnold l'a trouvée aussi sur les roches calcaires ou dolomitiques, et a remarqué que la var. *Oasis* croît souvent sur le thalle spermogonifère de l'*Hymenelia hyascens* Mass. ; il en est de même de nos échantillons, qui renferment, en même temps que ce dernier Lichen, le *Placodium miniatum*, l'*Amphoridium Hochstetteri* et diverses autres Verrucaires. Ajoutons enfin que cette var. *velanum* a beaucoup de rapport avec les var. *ochroleucum* Mass. et *inalpinum* Hepp.

2° **Callopisma ochraceum** Kœrb., *Syst.*, p. 131 (*Lecidea ochracea* Schær., 1810; *L. icterica* Tayl.; *Lecan. ochracea*

Leight.), simple variété du *Lecan. (Callop.) aurantiaca* pour Schærer, Nylander, devant constituer un genre à part, sous le nom de *Xanthocarpia* pour Massalongo et De Notaris, à cause de ses apothécies plutôt biatorines, et ses spores devenant, à la fin, tétrablastes. (Voy. Kœrb., *Par.*, p. 123.)

Cette espèce paraît exister assez abondamment et à toutes les altitudes dans les chaînes calcaires du Jura ; en effet, je l'ai rencontrée : 1e entre le col Vert et le col de l'Arc, sur l'urgonien et le sénonien, de 1,500 à 1,700 mètres ; 2° sur les Balmes de Fontaines, près Grenoble, à 400^m (mêmes roches) ; 3° dans le massif de la Grande-Chartreuse, autour du couvent, vers 1,000^m, sur le néocomien inférieur ; 4° dans le Petit-Bugey, au col de la Cruzille (500^m), entre Saint-Genix-d'Aoste et Novalaise, sur le corallien, etc. ; 5° M. Müller, (*Princ.*, p. 62 et 59, sous deux noms différents) l'indique au Reculet, au-dessus du Creux-de-Pransioux et au Salève. Enfin, M. Flagey l'a publié dans ses *Exsiccata* de la Franche-Comté, provenant des rochers calcaires des environs de Besançon (n° 122.)

3° **Lecidea jurana** Schær., *Enum.*, p. 123, est aussi une espèce caractéristique du Jura calcaire ; elle a été d'abord découverte par Schærer : « Ad saxa calcaria ad radicem mont. Jurassi Chasseron propè Fleurier » ; puis sur les calcaires et les dolomies des monts Sudètes (Flotow), des diverses parties du Jura français (Arnold), du Tyrol (Zwach), des Carpathes (Hazl.), de la Suède et de la Norwège, où elle est rare (Th. Fries).

M. Müller l'indique au Reculet et au Salève (*Princ.*, p. 55.) Je l'ai rencontrée sur les rochers calcaires, en allant du couvent de la Grande-Chartreuse à Saint-Bruno. Je crois l'avoir au du Bugey, mais ce point demande confirmation.

Cette belle espèce se reconnaît à ses apothécies assez grandes, sessiles mais peu adhérentes au thalle, très-noires, à bord épais, saillant, devenant anguleux, flexueux, à disque pouvant devenir à la fin prolifère.

4° **Lecidea petrosa** α **nuda** Th. Fries, *Lich. scand.*, p. 511. Dans les mêmes stations, j'ai rencontré deux autres Lichens ayant quelques rapports avec le précédent.

C'est d'abord une espèce voisine du *L. jurana*, le *L. petrosa* Arnold (*Flora*, 1868), qui en diffère surtout par la grandeur de ses spores. Elle parait une espèce rare ; mais je n'en connais la distribution géographique que parce qu'en dit Th. Fries pour la Suède et la Norwège, où elle est bien plus fréquente que le *L. jurana.*

5° Le second Lichen que j'avais d'abord pris, à la simple inspection, pour une forme à apothécies luxuriantes et à disque pruineux du précédent (*L. petrosa* β *albosuffusa* Th. Fr.), appartient, ainsi que M. Flagey l'a reconnu (1), par ses thèques à nombreuses spores, au groupe des *Sargogyne* Mass. Mais je ne puis le rapporter au *S. pruinosa,* du moins à la forme que j'ai l'habitude d'observer dans nos environs, soit sur le crépi des murs, soit sur les roches calcaires du Mont-d'Or et même les granites où il croit, mais rarement, en société des *S. simplex* et *privigna.* Ses apothécies pouvant atteindre 3 à 4 millimètres de diamètre, au bord aminci mais très-prononcé et irrégulièrement flexueux, l'en séparent complètement. On pourrait peut-être le rapprocher du *Lecidea (Sarcogyne) platycarpoides,* séparé du *L. pruinosa* par Anzi et Th. Fries (*Lich.. scand.,* p. 405) ; mais le thalle de ce dernier forme une croûte un peu épaisse (*crusta crassiuscula*), tandis que notre Lichen a le thalle mince, pulvérulent, quelquefois même presque nul ; ce serait plutôt la variété *flexuosa* que Baglietto et Carestia ont trouvé sur les rochers calcaires métamorphiques de la Valsesia et dont la description s'accorde assez bien avec nos échantillons. La voici, à titre de document, telle que ces auteurs la donnent dans les *Anacrisi dei Licheni della Valsesia,* Milan, 1881, p. 290 :

« 380 **Sarcogyne platycarpoides** Anzi *Symb. Lich. in Comment. Critt. It.* II, 19. — Biatorella (Sarcogyne) *Th. Fr. L. scand..* 405.

β **flexuosa.** Thallus gypsaceus. Apothecia adpressa, angulosa, plicato-flexuosa, discus planus, pruina alba tectus, margine persistente erecto, atro, nudo.

... La varietà β tiensi su roccia calcare metamorfica sulle vette che separano la valle Artogna dalle valle Vogna. »

Nos échantillons ont été récoltés, au-dessous du Grand Som, sur des rochers calcaires bien exposés au soleil.

---

(1) Je saisis ici l'occasion de remercier M. Ch. Flagey, l'habile lichénologue de Montferrand (Doubs), du secours qu'il a bien voulu me donner, en faisant les examens micrographiques que l'état de mes yeux, fatigués par plus de douze années d'abus d'observation au microscope, m'interdit pour quelque temps.

6° Parmi les autres Lichens intéressants provenant de cette même excursion à la Grande-Chartreuse, je vous soumets :

Lecidea immersa Kœrb. (*Hymenelia*, *Lecidea calcivora* Auct.), communs dans toutes les régions calcaires ;

Pannaria cæsia (Schær.) (*Pann. nigra* var. *cæsia*, *Patellaria*, *Collolechia* Auct.) couvrant les parois verticales des rochers calcaires un peu humides, l'entrée des grottes, etc., et même les rochers exposés au soleil dans les altitudes élevées (Col Vert ! Col de l'Arc ! etc.: Sassenage ! Coup-de-sabre près Fontaines ! Grande-Chartreuse ! environs de Belley, Thoys, et tout le Bugey ! Salève, environs de Genève *Müller;* env. de Besançon *Flagey*, etc.);

Petractis exanthematica Kœrb. (*Thelotrema*, *Urceolaria* Ach., *Volvaria* DC., etc.), caractéristique aussi des roches calcaires, mais un peu moins fréquent que les précédents ;

Siegertia calcarea Kœrb. (*Diplotomma*, *Rhizocarpum*, etc.), sur les rochers en montant de la Chartreuse au grand Som.

Endocarpum complicatum, *Platysma nivale*, sur la terre au-dessus de Bovinant ;

Pannaria rubiginosa, *Sticta limbata*, sur les troncs de Sapins ;

Peltigera canina var. *membranacea* Ach. sur la terre, etc., etc.